Sitzungsberichte der Heidelberger Akademie der Wissenschaften

Stiftung Heinrich Lanz

Mathematisch-naturwissenschaftliche Klasse

*) *Jahrgang 1921 erschien im Verlage von Carl Winters Universitätsbuchhandlung in Heidelberg.*

Im Verlag von Walter de Gruyter & Co. vormals G. J. Göschen'sche Verlagshandlung — J. Guttentag, Verlagsbuchhandlung — Georg Reimer — Karl J. Trübner — Veit & Comp., Berlin, erschienen:

Abteilung A. Mathematisch-physikalische Wissenschaften.

Jahrg. 1922: 3 Hefte. — Jahrg. 1923: 5 Hefte. — Jahrg. 1924: 11 Hefte.

Abteilung B. Biologische Wissenschaften.

Jahrgang 1923: 1 Heft.

Von Jahrgang 1925 ab findet die Trennung in Abteilung A und B nicht mehr statt.

Jahrgang 1925: 15 Hefte.

Jahrgang 1926. 1. Krull, Wolfgang. Theorie und Anwendung der verallgemeinerten Abelschen Gruppen. Reichsmark 1.70

2. Klebs, Georg. Über periodisch wachsende tropische Baumarten. Rm. 1.20
3. Müller, Max. Über die Oberfläche von Flächenstücken. Reichsmark 1.20
4. Ernst, Max. Über Anlagen von Organen, die nicht zur Ausbildung gelangen. Reichsmark 0.50
5. Ernst, Emil. Die optischen Eigenschaften des Andesins von Bodenmais. Reichsmark 1.10
6. Liepmann, Wilhelm. Leichengeburt bei Ichthyosauriern. Reichsmark 0.90
7. Klebs, Georg. Über die Längenperiode der Internodien. Reichsmark 2.40
8. Jost, L., u. v. Ubisch, G. Zur Windefrage. Reichsmark 0.80
9. Salomon, Wilhelm. Gibt es Gesteine, die für bestimmte Erdperioden charakteristisch sind? Reichsmark 0.30
10. Roeser, Ernst. Der reelle Übergang zwischen den beiden nichteuklidischen Geometrien und ihrem Parallelenbegriff. Reichsmark 1.20
11. Salomon, Wilhelm. Kugelförmige Absonderung. Reichsmark 0.80
12. Salomon. Felsenmeere und Blockstreuungen. Reichsmark 0.80
13. Salomon. Die Gruppendefinitionen in der Paläontologie. Reichsmark 0.90

Jahrgang 1927. 1. Loewy, Alfred. Neue elementare Begründung und Erweiterung der Galoisschen Theorie. Reichsmark 1.60

2. Liebmann, Heinrich. Rhombische Geradennetze im Raum. Reichsmark 1.—
3. Volk, Otto. Über geodätische Dreiecknetze auf Flächen konstanten Krümmungsmaßes. Reichsmark 1.80
4. Pütter, A. Chemische Reizwirkung und Giftwirkung. Mit einem mathematischen Anhang: Ein Diffusionsproblem von E. Trefftz. Reichsmark 2.40
5. Rembs, Eduard. Die Verbiegung des verlängerten Rotationsellipsoids. Rm. 1.60
6. Mayer, Adolf. Naturwissenschaftliche Ästhetik. Reichsmark 0.90
7. Mayer, Adolf. Naturwissenschaftliche Volkswirtschaftslehre. Reichsm. 0.80
8. Baer, R., Kapferer, H., Krull, W., Schmidt, F. K. Beiträge zur Algebra. Nr. 5—10. Reichsmark 6.20
9. Müller, Max. Über die Eindeutigkeit der Integrale eines Systems gewöhnlicher Differentialgleichungen und die Konvergenz einer Gattung von Verfahren zur Approximation dieser Integrale. Reichsmark 2.50
10. Freudenberg, Karl. Intramolekulare Umlagerung optisch-aktiver Systeme. Reichsmark 1.—
11. Roeser, Ernst. Abbildung der hyperbolischen Ebene auf die Kugel mittels der Beziehung zwischen Lot und Parallelwinkel. Reichsmark 1.—

(Fortsetzung siehe 3. Umschlagseite)

*) **Bestellungen auf solche Veröffentlichungen der math.-naturw. Klasse, welche früher im Verlag von Carl Winters Universitätsbuchhandlung in Heidelberg erschienen sind, nimmt auch der Verlag Walter de Gruyter & Co., Berlin, entgegen.**

Sitzungsberichte
der Heidelberger Akademie der Wissenschaften
Mathematisch-naturwissenschaftliche Klasse
Jahrgang 1930. 17. Abhandlung.

Über die eindeutige Bestimmtheit der Integrale von Differentialgleichungen
II

Von
E. Kamke
in Tübingen

Vorgelegt von Herrn Rosenthal in der Sitzung am 15. November 1930

Berlin und Leipzig 1931

Walter de Gruyter & Co.

vormals G. J. Göschen'sche Verlagshandlung / J. Guttentag, Verlagsbuchhandlung / Georg Reimer / Karl J. Trübner / Veit & Comp.

Über die eindeutige Bestimmtheit der Integrale von Differentialgleichungen.

II.

1. Diese Arbeit beschäftigt sich mit der Frage, unter welchen Bedingungen bei einem reellen Differentialgleichungssystem

$$(S) \qquad \begin{cases} y_1' = f_1(x, y_1, \ldots, y_n) \\ \cdots\cdots\cdots\cdots \\ y_n' = f_n(x, y_1, \ldots, y_n) \end{cases}$$

die Integralkurve durch den Anfangspunkt eindeutig bestimmt ist. In einer ersten unter dem obigen Titel erschienenen Note[1]) habe ich für die eindeutige Bestimmtheit folgende hinreichende Bedingung angegeben:

I. Es sei $\Omega(x, z)$ stetig und $\geqq 0$ in dem Bereich

$$0 < x < a, \; z \geqq 0.$$

Für jedes $0 < \alpha < a$ sei $\chi(x) \equiv 0$ im Intervall $0 \leqq x < \alpha$ die einzige differenzierbare Funktion, die in dem **offenen** Intervall $0 < x < \alpha$ ein Integral der Differentialgleichung

$$z' = \Omega(x, z)$$

ist und die Bedingungen $\chi(0) = \chi'(0) = 0$ erfüllt[2]).

Sind nun

$$f_1(x, y_1, \ldots, y_n), \ldots, f_n(x, y_1, \ldots, y_n)$$

Funktionen, die in dem Bereich

$$(1) \qquad |x - \xi| < a, \; |y_1 - \eta_1| < b, \ldots, |y_n - \eta_n| < b$$

definiert sind und die Ungleichung

$$(2) \qquad \sum_{\nu=1}^{n} |f_\nu(x, \bar{y}_1, \ldots, \bar{y}_n) - f_\nu(x, y_1, \ldots, y_n)| \leqq \Omega\Big(|x - \xi|, \sum_{\nu=1}^{n} |\bar{y}_\nu - y_\nu|\Big)$$

für $x \neq \xi$ erfüllen, so hat das System (S) in dem Bereich (1)

---

[1]) Mathematische Zeitschrift 32 (1930) 101—107. Vgl. auch E. KAMKE, Differentialgleichungen reeller Funktionen, Leipzig 1930, S. 139.

[2]) Daraus ergibt sich natürlich, daß $\Omega(x, 0) = 0$ sein muß.

höchstens eine durch den Punkt $\xi, \eta_1, \ldots, \eta_n$ gehende Integralkurve[1]).

Wählt man hierin $\Omega(x, z) = \frac{z}{x}$, so hat man das Eindeutigkeitskriterium von ROSENBLATT-NAGUMO-PERRON[2]), und zwar für $n = 1$ genau, dagegen für $n > 1$ in etwas veränderter Gestalt; man würde es auch für $n > 1$ genau erhalten, wenn in (2) beide Male $\underset{\nu=1,\ldots,n}{\mathrm{Max}}$ statt $\sum_{\nu=1}^{n}$ stände.

Das allgemeinste vorher bekannte, von Herrn PERRON[3]) aufgestellte Eindeutigkeitskriterium von der Art des Satzes I setzt, was von großem Einfluß auf die Art der zugelassenen Funktionen ist, die Stetigkeit von $\Omega(x, z)$ auch noch auf der Geraden $x = 0$ voraus und kann so formuliert werden:

II. Im Bereich

$$0 \leqq x < a, \quad z \geqq 0$$

sei die Funktion $\Omega(x, z)$ stetig und $\geqq 0$, und die Differentialgleichung

$$z' = \Omega(x, z)$$

möge in dem angegebenen Bereich nur eine durch den Punkt 0, 0 gehende Integralkurve haben, und zwar die Gerade $z = 0$ für das ganze Intervall $0 \leqq x < a$.

---

1) Erst nach Erscheinen der beiden in Fußnote 1 auf S. 3 genannten Darstellungen habe ich gesehen, daß dieses Kriterium für den Fall $n = 1$ im wesentlichen schon von Herrn IYANAGA [Japanese Journal of Mathematics 5 (1928) 253—257] bewiesen ist. Herr IYANAGA beweist insofern etwas weniger, als er in (2) die Gleichheit ausschließt, insofern etwas mehr, als diese veränderte Ungleichung ohne Absolutzeichen und nicht für den ganzen Bereich (1) gefordert wird. Für $n > 1$ versagt sein Beweisverfahren. Einen kürzeren Beweis für Herrn IYANAGAS Satz hat Herr SHIMIZU [Proceedings of the Imperial Academy 4 (1928) 327] skizziert. In dieser Beweisskizze ist auf S. 327 am Ende der Zeile 23 hinzuzufügen: „at a point u, where $v(u) = \psi(u)$" (Mitteilung des Verf.), außerdem sind in der nächsten Zeile die Worte „$v(\varepsilon) \ldots$ small ε" besser zu ersetzen durch „$v(\varepsilon_\nu) > \psi(\varepsilon_\nu)$ für eine gegen Null konvergierende Folge positiver Zahlen ε_ν".

2) Arkiv för Matematik, Astronomi och Fysik 5 (1909) Nr. 2. — Japanese Journal of Mathematics 3 (1926) 107—112. — Mathematische Zeitschrift 28 (1928), 216—219.

3) Mathematische Annalen 95 (1926) 98—101. Vgl. auch M. MÜLLER diese Berichte, Jahrg. 1927, 9. Abhandlung, S. 24 f.

Sind nun

$$f_1(x, y_1, \ldots, y_n), \ldots, f_n(x, y_1, \ldots, y_n)$$

Funktionen, die in dem Bereich

$$(1) \qquad |x - \xi| < a, |y_1 - \eta_1| < b, \ldots, |y_n - \eta_n| < b$$

definiert sind und die Ungleichungen

$$(3) \qquad |f_\nu(x, \bar{y}_1, \ldots, \bar{y}_n) - f_\nu(x, y_1, \ldots, y_n)| \leqq \Omega(|x - \xi|, z)$$

für

$$(4) \qquad z = \operatorname*{Max}_{\mu = 1, \ldots, n} |\bar{y}_\mu - y_\mu|$$

und $\nu = 1, \ldots, n$ erfüllen, so hat das System (S) in dem Bereich (1) höchstens eine durch den Punkt $\xi, \eta_1, \ldots, \eta_n$ gehende Integralkurve.

Für $n = 1$ ist das Kriterium II in I enthalten. Für $n > 1$ ist dagegen in I nur eine modifizierte Form IIa des Kriteriums II enthalten, deren Wortlaut aus dem Wortlaut II entsteht, wenn man die Relationen (3) und (4) durch

$$(3a) \qquad \sum_{\nu=1}^{n} |f_\nu(x, \bar{y}_1, \ldots, \bar{y}_n) - f_\nu(x, y_1, \ldots, y_n)| \leqq \Omega(|x - \xi|, z)$$

und

$$(4a) \qquad z = \sum_{\nu=1}^{n} |\bar{y}_\nu - y_\nu|$$

ersetzt.

Nachträglich sehe ich, daß sich mit der gleichen Beweismethode, die das Kriterium I lieferte, noch ein allgemeineres Eindeutigkeitskriterium ableiten läßt, das u. a. als Spezialfall den genauen Wortlaut II enthält und zugleich zeigt, daß auch in I die Ungleichung (2) durch die n Ungleichungen (3) mit der durch (4) festgelegten Bedeutung von z ersetzt werden kann[1]). Das Kriterium enthält überhaupt mit geringen Ausnahmen alle bisher bekannten Eindeutigkeitskriterien[2]), soweit sie nicht auf speziellere Systeme von Differentialgleichungen zugeschnitten sind. Insbesondere scheint das für eine Differentialgleichung n-ter Ordnung von Herrn Nagumo[3]) angegebene Eindeutigkeitskriterium in ihm nicht enthalten zu sein, bei dessen Beweis

---

1) Diese letzte Tatsache ist inzwischen (auf andere Weise) auch von Herrn Nagumo [Japanese Journal of Mathematics 7 (1930) 158] bewiesen.

2) Näheres darüber findet man am Schluß dieser Arbeit.

3) Japanese Journal of Mathematics 4 (1927) 307—309. Vgl. auch Fukuhara, ebenda 6 (1930) 289.

auch wesentlich von der speziellen Bauart des mit der Differentialgleichung n-ter Ordnung äquivalenten Systems von Differentialgleichungen erster Ordnung Gebrauch gemacht wird.

2. Die Grundlage bilden zwei allgemeine Abschätzungssätze.

Satz 1: Es sei $\Omega(x, z)$ stetig in dem abgeschlossenen Gebiet

$$\xi \leqq x \leqq \xi + a, \, -\infty < z < +\infty$$

und $\Phi(x)$ eine für $\xi \leqq x \leqq \xi + a$ stetige und nach rechts differenzierbare Funktion, für die

$$\Phi'_{+}(x) \leqq \Omega(x, \Phi(x)) \tag{5}$$

gilt. Ferner existiere die durch den Punkt

$$\xi, \zeta = \Phi(\xi)$$

gehende maximale Integralkurve $z = \psi(x)$ der Differentialgleichung

$$z' = \Omega(x, z) \tag{6}$$

in dem ganzen Intervall $\xi \leqq x \leqq \xi + a$. Dann ist

$$\Phi(x) \leqq \psi(x) \text{ für } \xi \leqq x \leqq \xi + a. \tag{7}$$

Beweis: Für alle hinreichend kleinen positiven ε hat die Differentialgleichung

$$z' = \Omega(x, z) + \varepsilon \tag{8}$$

Integralkurven $y = \psi(x, \varepsilon)$, die durch den Punkt ξ, ζ gehen und für $\xi \leqq x \leqq \xi + a$ existieren; diese erfüllen die Relation

$$\lim_{\varepsilon \to 0} \psi(x, \varepsilon) = \psi(x)\text{[1]}.$$

Daher genügt es, die Ungleichung

$$\Phi(x) \leqq \psi(x, \varepsilon) \tag{9}$$

für jedes $\varepsilon > 0$ und solche Integrale $\psi(x, \varepsilon)$ zu beweisen, die in dem ganzen Intervall $\xi \leqq x \leqq \xi + a$ existieren.

---

[1]) Vgl. z. B. KAMKE, Differentialgleichungen reeller Funktionen, Leipzig 1930, S. 83. Um aus dem dort bewiesenen Satz die oben benötigte Tatsache folgern zu können, erweitere man den Definitionsbereich von $\Omega(x, z)$ auf die ganze x, z-Ebene, indem man

$$\Omega(x, z) = \begin{cases} \Omega(\xi, z) \text{ für } x < \xi \\ \Omega(\xi + a, z) \text{ für } x > \xi + a \end{cases}$$

setzt.

Wäre nun die Ungleichung (9) für ein $\varepsilon > 0$ nicht in dem ganzen Intervall $\xi \leqq x \leqq \xi + a$ richtig, so gäbe es eine untere Grenze ξ_1 ($\xi \leqq \xi_1 < \xi + a$) der Zahlen $x \geqq \xi$, für die (9) falsch ist. Da (9) für $x = \xi$ richtig ist, wäre dann wegen der Stetigkeit der Funktionen

$$\Phi(\xi_1) = \psi(\xi_1, \varepsilon) \tag{10}$$

und

$$\Phi'_+(\xi_1) \geqq \psi'(\xi_1, \varepsilon). \tag{11}$$

Da $\Phi(x)$ und $\psi(x, \varepsilon)$ die Relationen (5) und (8) erfüllen, würde aus (11)

$$\Omega(\xi_1, \Phi(\xi_1)) \geqq \Omega(\xi_1, \psi(\xi_1, \varepsilon)) + \varepsilon,$$

also wegen (10)

$$\Omega(\xi_1, \Phi(\xi_1)) \geqq \Omega(\xi_1, \Phi(\xi_1)) + \varepsilon$$

folgen, d. h. es wäre entgegen unserer Voraussetzung $\varepsilon \leqq 0$, womit der gewünschte Widerspruch erreicht ist.

Zusatz 1: Gelten die Voraussetzungen des Hilfssatzes für das Intervall $\xi - a \leqq x \leqq \xi$ statt $\xi \leqq x \leqq \xi + a$ und ist $\Phi(x)$ in dem Intervall eine stetige und nach **links** differenzierbare Funktion, für die statt (5) die Ungleichung

$$\Phi'_-(x) \leqq \Omega(x, \Phi(x)) \tag{5a}$$

gilt, so ist

$$\Phi(x) \geqq \psi(x) \quad \text{für} \quad \xi - a \leqq x \leqq \xi, \tag{7a}$$

wenn jetzt $\psi(x)$ die durch ξ, ζ gehende **minimale** Integralkurve von (6) bedeutet.

Der Beweis hierfür ist fast wörtlich der gleiche wie für den Satz selber. In entsprechender Weise ergibt sich auch der

Zusatz 2: Der Satz 1 bleibt auch richtig, wenn man (5) durch

$$\Phi'_+(x) \geqq \Omega(x, \Phi(x)) \tag{5*}$$

und zugleich maximal durch minimal und (7) durch

$$\Phi(x) \geqq \psi(x) \tag{7*}$$

ersetzt. — Ebenso bleibt der Zusatz 1 richtig, wenn man (5a) durch

$$\Phi'_-(x) \geqq \Omega(x, \Phi(x)), \tag{5a*}$$

minimal durch maximal und (7a) durch

$$\Phi(x) \leqq \psi(x) \tag{7a*}$$

ersetzt.

3. Bei dem Satz 1 hätte für den Beweis $\xi = 0, \zeta = 0$ gewählt werden dürfen. Von dieser Vereinfachung in der Formulierung machen wir bei der folgenden Verschärfung des Satzes 1 Gebrauch. Die Verschärfung besteht darin, daß die Funktion $\Omega(x, z)$ auf der Geraden $x = \xi$ (oder in der folgenden Formulierung $x = 0$) nicht definiert, also erst recht nicht stetig zu sein braucht.

Satz 2: Es sei $\Omega(x, z)$ stetig in dem offenen Gebiet

$$0 < x < a, \quad -\infty < z < +\infty.$$

Die Funktion $\chi(x)$ sei für $0 \leqq x < a$ differenzierbar mit den Werten $\chi(0) = \chi'(0) = 0$ und erfülle in dem **offenen** Intervall $0 < x < a$ die Differentialgleichung

$$z' = \Omega(x, z), \tag{12}$$

und zwar sei $\chi(x)$ eine maximale Funktion dieser Art[1]).

Endlich sei $\Phi(x)$ eine für $0 \leqq x < a$ sowohl nach rechts wie nach links differenzierbare Funktion, für die $\Phi(0) = 0$, $\Phi'(0) \leqq 0$ und[2])

$$\Phi'_{\pm}(x) \leqq \Omega(x, \Phi(x)) \qquad \text{für } 0 < x < a \tag{13}$$

gilt. Dann ist

$$\Phi(x) \leqq \chi(x) \qquad \text{für } 0 \leqq x < a. \tag{14}$$

Beweis: Angenommen, die Behauptung sei falsch. Dann gibt es, da sie für $x = 0$ sicher richtig ist, ein $0 < \xi < a$, so daß

$$\zeta = \Phi(\xi) > \chi(\xi)$$

ist. Durch den Punkt ξ, ζ gibt es eine, noch ein gewisses Stück links von ξ existierende, minimale Integralkurve $y = \psi(x)$ der Differentialgleichung (12). Aus dem Zusatz 1 des Satzes 1 folgt

$$\Phi(x) \geqq \psi(x) \tag{15}$$

für $0 < x \leqq \xi$, soweit $\psi(x)$ in diesem Intervall existiert. Ferner ist, soweit $\psi(x)$ in diesem Intervall existiert, auch

$$\psi(x) > \chi(x), \tag{16}$$

---

[1]) Das soll folgendes bedeuten: Für jedes $0 < \alpha < a$ und jede Funktion $\gamma(x)$, die für $0 \leqq x < \alpha$ differenzierbar ist, die Werte $\gamma(0) = \gamma'(0) = 0$ hat und in dem offenen Intervall $0 < x < \alpha$ die Differentialgleichung (12) erfüllt, gilt $\gamma(x) \leqq \chi(x)$ für $0 \leqq x < \alpha$.

[2]) Es genügt, (13) für Φ'_- statt $\Phi'_{\pm}$ zu fordern. Mit Rücksicht auf die leichtere Formulierung der Zusätze ist jedoch die Ungleichung des Textes gefordert.

da man sonst, wenn man von ξ nach links fortschreitet, bei dem Schnittpunkt der beiden Integralkurven $y = \psi(x)$ und $y = \chi(x)$ von der ersten Kurve auf die zweite übersteigen könnte und damit eine neue Integralkurve von (12) bekäme, die in den Punkt 0,0 mit der gleichen Tangente einmündet wie $y = \chi(x)$; diese Kurve würde dann wegen $\zeta > \chi(\xi)$ Punkte oberhalb der maximalen Kurve $y = \chi(x)$ haben, was nicht möglich ist.

Die Integralkurve $y = \psi(x)$ erfüllt also, soweit sie in dem Intervall $0 < x \leqq \xi$ existiert, die beiden Ungleichungen (15) und (16) und hat daher beschränkte Ordinaten. Da sie nach links dem Rand des Stetigkeitsbereichs der Differentialgleichung (12) beliebig nahe kommen muß[1]), kommt sie demnach an die Gerade $x = 0$ heran und existiert daher in dem ganzen Intervall $0 < x \leqq \xi$ und erfüllt dort (15) und (16). Da Φ und χ im Punkt $x = 0$ stetig sind und dort den Wert 0 haben, folgt aus den Ungleichungen (15) und (16)

$$\lim_{x \to 0} \psi(x) = 0.$$

Setzt man $\psi(0) = 0$, so folgt weiter aus den genannten Ungleichungen für $x > 0$

$$\frac{\chi(x) - \chi(0)}{x} < \frac{\psi(x) - \psi(0)}{x} \leqq \frac{\Phi(x) - \Phi(0)}{x}.$$

Da der erste und dritte Bruch für $x \to 0$ den Limes $\chi'(0) = 0$ bzw. $\Phi'(0) \leqq 0$ haben, existiert demnach $\psi'(0)$ und hat den Wert 0.

Damit ist der gewünschte Widerspruch erreicht, da hiernach $y = \psi(x)$ eine für $0 \leqq x \leqq \xi$ differenzierbare Funktion mit den Werten $\psi(0) = \psi'(0) = 0$ wäre, die für $0 < x \leqq \xi$ ein Integral von (12) ist und die Ungleichung (16) erfüllt, und das widerspräche der Maximaleigenschaft von $\chi(x)$.

Zusatz 1: Der Satz bleibt richtig, wenn man die Intervalle $0 \leqq x < a$, $0 < x < a$ durch $-a < x \leqq 0$, $-a < x < 0$, maximal durch minimal, und (14) durch

(14a) $\qquad \Phi(x) \geqq \chi(x) \quad$ für $-a < x \leqq 0$

ersetzt.

Zusatz 2: Der Satz bleibt auch richtig, wenn man $\Phi'(0) \leqq 0$ durch $\Phi'(0) \geqq 0$, (13) durch

(13*) $$\Phi'_{\pm}(x) \geqq \Omega(x, \Phi(x)),$$

[1]) Kamke, Acta mathematica 52 (1928) 327ff. oder Kamke, Differentialgleichungen reeller Funktionen, Leipzig 1930, S. 75.

maximal durch minimal, und (14) durch

$$(14^*) \qquad \Phi(x) \geqq \chi(x) \quad \text{für } 0 \leqq x < a$$

ersetzt. — Ebenso bleibt der Zusatz 1 richtig, wenn man $\Phi'(0) \leqq 0$ durch $\Phi'(0) \geqq 0$, (13) durch (13*), minimal durch maximal, und (14a) durch

$$(14a^*) \qquad \Phi(x) \leqq \chi(x) \quad \text{für } -a < x \leqq 0$$

ersetzt.

4. Aus Satz 2 ergibt sich nun mühelos der

Satz 3: Es sei $S(u_1, \ldots, u_n)$ eine in dem ganzen $u_1, \ldots, u_n$-Raum stetige Funktion, die an der Stelle $u_1 = \ldots = u_n = 0$ verschwindet und die für je n in dem gleichen Intervall differenzierbare Funktionen $u_1 = u_1(x), \ldots, u_n = u_n(x)$ eine in diesem Intervall sowohl nach rechts wie nach links differenzierbare Funktion mit der Eigenschaft

$$(17) \qquad D_{\pm} S(u_1(x), \ldots, u_n(x)) \leqq S(u_1'(x), \ldots, u_n'(x))$$

liefert[1]).

Die Funktion $\Omega(x, z)$ sei wie im Satz 2 stetig in dem offenen Gebiet

$$(18) \qquad 0 < x < a, \quad -\infty < z < +\infty.$$

Ferner sei die Funktion $\chi(x)$ für $0 \leqq x < a$ differenzierbar mit den Werten $\chi(0) = \chi'(0) = 0$ und erfülle in dem **offenen** Intervall $0 < x < a$ die Differentialgleichung

$$(12) \qquad z' = \Omega(x, z),$$

und zwar sei $\chi(x)$ eine maximale Funktion dieser Art.

Sind nun

$$f_1(x, y_1, \ldots, y_n), \ldots, f_n(x, y_1, \ldots, y_n)$$

Funktionen, die in dem Bereich

$$(19) \qquad \xi \leqq x < \xi + a, \quad |y_1 - \eta_1| < b, \ldots, |y_n - \eta_n| < b$$

---

[1]) Diese Bedingungen sind natürlich erfüllt, wenn $S(u_1, \ldots, u_n)$ eine lineare homogene Funktion ist. Aber sie sind, was wir später benutzen werden, auch erfüllt für

$$S(u_1, \ldots, u_n) = |u_1| + \ldots + |u_n|$$

sowie für

$$S(u_1, \ldots, u_n) = \mathrm{Max}(u_1, \ldots, u_n)$$

und

$$S(u_1, \ldots, u_n) = \mathrm{Max}(|u_1|, \ldots, |u_n|).$$

definiert sind und die Ungleichung

$$S(f_1(x, \bar{y}_1, \ldots, \bar{y}_n) - f_1(x, y_1, \ldots, y_n), \ldots, \tag{20}$$
$$f_n(x, \bar{y}_1, \ldots, \bar{y}_n) - f_n(x, y_1, \ldots, y_n))$$
$$\leqq \Omega(x - \xi, S(\bar{y}_1 - y_1, \ldots, \bar{y}_n - y_n))$$

für $\xi < x < \xi + a$ erfüllen[1]), so gilt für je zwei durch den Punkt $\xi, \eta_1, \ldots, \eta_n$ gehende Integralkurven

$$y_1 = \varphi_1(x), \ldots, y_n = \varphi_n(x) \text{ und } y_1 = \bar{\varphi}_1(x), \ldots, y_n = \bar{\varphi}_n(x) \tag{21}$$

des Systems (S) die Ungleichung

$$S(\bar{\varphi}_1(x) - \varphi_1(x), \ldots, \bar{\varphi}_n(x) - \varphi_n(x)) \leqq \chi(x - \xi), \tag{22}$$

soweit beide Integralkurven (21) in dem Intervall $\xi \leqq x < \xi + a$ existieren.

Beweis: Wird

$$\Phi(x) = S(\bar{\varphi}_1(x) - \varphi_1(x), \ldots, \bar{\varphi}_n(x) - \varphi_n(x))$$

gesetzt, so folgt aus (17), (S) und (20)

$$\Phi'_{\pm}(x) \leqq \Omega(x - \xi, \Phi(x)).$$

Ferner ist

$$\Phi(\xi) = S(0, \ldots, 0) = 0$$

und wegen (17)

$$\Phi'_{\pm}(\xi) \leqq S(\bar{\varphi}_1'(\xi) - \varphi_1'(\xi), \ldots, \bar{\varphi}_n'(\xi) - \varphi_n'(\xi)) = S(0, \ldots, 0) = 0.$$

Daher folgt die Behauptung aus Satz 2, angewendet auf $\xi, \xi + a$ statt $0, a$.

Zusatz 1: Der Satz bleibt richtig, wenn man die Intervalle $0 \leqq x < a$, $0 < x < a$, $\xi \leqq x < \xi + a$, $\xi < x < \xi + a$ durch $-a < x \leqq 0$, $-a < x < 0$, $\xi - a < x \leqq \xi$, $\xi - a < x < \xi$, maximal durch minimal, und (22) durch

$$S(\bar{\varphi}_1(x) - \varphi_1(x), \ldots, \bar{\varphi}_n(x) - \varphi_n(x)) \geqq \chi(x - \xi) \tag{22a}$$

ersetzt.

Zusatz 2: Der Satz bleibt ferner richtig, wenn man (17) durch

$$D_{\pm} S(u_1(x), \ldots, u_n(x)) \geqq S(u_1'(x), \ldots, u_n'(x)), \tag{17a}$$

maximal durch minimal, in (20) das Zeichen $\leqq$ durch $\geqq$ und (22) durch (22a) ersetzt. — Ebenso bleibt der Zusatz 1

---

[1]) Der Beweis macht sogar nur davon Gebrauch, daß (20) für die Integralkurven (21), d. h. für $y_\nu = \varphi_\nu(x)$, $\bar{y}_\nu = \bar{\varphi}_\nu(x)$ gilt.

richtig, wenn man (17) durch (17a), minimal durch maximal, in (20) das Zeichen $\leqq$ durch $\geqq$ und (22a) durch (22) ersetzt.

5. Aus dem Satz 3 erhält man durch geeignete Wahl der Funktion $S(u_1, \ldots, u_n)$ eine Fülle von Eindeutigkeitssätzen. Ich gebe hier einige Proben.

Wählt man

$$S(u_1, \ldots, u_n) = |u_1| + \ldots + |u_n|,$$

so ergibt sich aus dem Satz 3 der Teil des Satzes I von Nr. 1, der sich auf das Intervall $\xi \leqq x < \xi + a$ bezieht[1]). Da aus diesem Teil des Satzes I der auf das Intervall $\xi - a < x \leqq \xi$ bezügliche Teil durch Einführung einer neuen unabhängigen Variabeln $X = -x$ folgt[2]), ist damit der ganze Satz I bewiesen.

Wählt man

$$S(u_1, \ldots, u_n) = \operatorname{Max}(|u_1|, \ldots, |u_n|),$$

so ergibt sich eine Abart des Satzes I, bei der in (2) beide Male $\operatorname*{Max}_{\nu=1,\ldots,n}$ statt $\sum_{\nu=1}^{n}$ steht; diese Abart enthält den Satz II von Nr. 1 als Sonderfall.

Weiter ist in dem durch die Fußnote 1 von S. 11 ergänzten Satz 3 auch die von Herrn IYANAGA[3]) für $n = 1$ angegebene Verschärfung des Satzes I enthalten, die darin besteht, daß bei Beschränkung auf den Teilbereich $x \geqq \xi$ unter den Voraussetzungen des Satzes I statt der Ungleichung (2) nur

$$f(x, \bar{y}) - f(x, y) \leqq \Omega(x - \xi, \bar{y} - y)^{4)} \tag{23}$$

für $\bar{y} \geqq y$ gefordert wird. Sind nämlich $y = \varphi(x)$ und $y = \varphi^*(x)$ zwei durch den gleichen Punkt ξ, η gehende Integralkurven, so ist, da beide in jedem gemeinsamen Punkt die gleiche Tangente haben, auch

$$\bar{\varphi}(x) = \operatorname{Max}(\varphi(x), \varphi^*(x)) \tag{24}$$

eine durch ξ, η gehende Integralkurve derselben Differentialgleichung. Da $\bar{\varphi}(x) \geqq \varphi(x)$ ist, folgt aus (23)

$$f(x, \bar{\varphi}(x)) - f(x, \varphi(x) \leqq \Omega(x - \xi, \bar{\varphi}(x) - \varphi(x)),$$

---

1) Der Definitionsbereich der Funktion Ω des Satzes I werde dazu, indem man $\Omega(x, z) = \Omega(x, 0)$ für $z < 0$ setzt, auf alle $-\infty < z < +\infty$ ausgedehnt.

2) Vgl. E. KAMKE, Differentialgleichungen reeller Funktionen, Leipzig 1930, S. 141.

3) Vgl. Fußnote 1 auf S. 4.

4) Herr IYANAGA muß hier die Gleichheit ausschliessen.

also nach dem durch die Fußnote ergänzten Satz 3 mit $S(u) = u$

$$\bar{\varphi}(x) - \varphi(x) \leqq \chi(x - \xi) = 0,$$

also wegen (24)

$$\varphi^*(x) \leqq \varphi(x).$$

Da φ und φ^* bei unseren Überlegungen ihre Rollen vertauschen dürfen, ist auch

$$\varphi(x) \leqq \varphi^*(x),$$

also $\varphi(x) = \varphi^*(x)$.

Herr M. MÜLLER[1]) hat die Eindeutigkeit bei dem System (S) für $x \geqq \xi_0$ unter der Voraussetzung bewiesen, daß für eine Konstante $0 < k < 1$ die Funktionen f_ν die Bedingung

$$(25) \qquad f_\nu(x, \bar{y}_1, \ldots, \bar{y}_n) - f_\nu(x, y_1, \ldots, y_n) \leqq \frac{k}{x - \xi_0} \underset{\varkappa = 1, \ldots, n}{\operatorname{Max}} (\bar{y}_\varkappa - y_\varkappa)$$

für $\bar{y}_\nu \geqq y_\nu$ erfüllen. Dieser Satz läßt sich dem Satz 2 einordnen, aus dem ja der Satz 3 als unmittelbare Folge entsprang. Gäbe es nämlich durch den Punkt $\xi_0, \eta_1, \ldots, \eta_n$ zwei verschiedene Integralkurven

$$(26) \qquad y_1 = \varphi_1(x), \ldots, y_n = \varphi_n(x) \text{ und } y_1 = \bar{\varphi}_1(x), \ldots, y_n = \bar{\varphi}_n(x),$$

so könnte man die Bezeichnung so wählen, daß

$$\Phi(x) = \underset{\nu = 1, \ldots, n}{\operatorname{Max}} (\bar{\varphi}_\nu(x) - \varphi_\nu(x))$$

an einer Stelle x_0 positiv ist. Da die Integralkurven (26) für $x = \xi_0$ durch den gleichen Punkt gehen, also $\Phi(\xi_0) = 0$ ist, gäbe es ein den Punkt x_0 enthaltendes Intervall $\xi \leqq x < a$ mit

$$(27) \qquad \xi \geqq \xi_0,$$

so daß

$$(28) \qquad \Phi(x) \begin{cases} > 0 \text{ für } \xi < x < a, \\ = 0 \text{ für } x = \xi \end{cases}$$

gilt. Für $\xi < x < a$ würde aus (25) folgen[2])

$$\begin{aligned} \Phi'(x) &= \underset{\nu = 1, \ldots, n}{\operatorname{Max}} \{ f_\nu(x, \bar{\varphi}_1, \ldots, \bar{\varphi}_n) - f_\nu(x, \varphi_1, \ldots, \varphi_n) \} \\ &\leqq \frac{k}{x - \xi_0} \Phi(x) \\ &\leqq \frac{k}{x - \xi} \Phi(x), \end{aligned}$$

[1]) Diese Berichte, Jahrgang 1927, 9. Abhandlung, S. 29.

[2]) Vgl. M. MÜLLER, a. a. O., S. 17f.

letzteres wegen (27). Da für $0 \leqq k \leqq 1$ die Funktion $\chi(x) = 0$ die einzige Lösung der Differentialgleichung

$$z' = \frac{k}{x} z$$

mit den Anfangswerten $\chi(0) = \chi'(0) = 0$ ist, ergäbe sich mit Satz 2 hieraus

$$\Phi(x) \leqq 0 \qquad \text{für } \xi \leqq x < a$$

im Widerspruch zu (28).

Ein weiterer von Herrn M. Müller[1]) bewiesener Eindeutigkeitssatz setzt voraus, daß die Funktionen f_ν für $x \geqq \xi$ die Ungleichung

$$\sqrt{\sum_{\nu=1}^{n} (f_\nu(x, \bar{y}_1, \ldots, \bar{y}_n) - f_\nu(x, y_1, \ldots, y_n))^2} \leqq \Omega\left(x - \xi, \sqrt{\sum_{\nu=1}^{n} (\bar{y}_\nu - y_\nu)^2}\right)$$

erfüllen und die Differentialgleichung

$$z' = \Omega(x, z)$$

durch den Punkt 0,0 als maximale Integralkurve die x-Achse hat. Dieser Satz folgt wieder aus dem Satz 3, und sogar in weiterem Umfange als bei Herrn M. Müller angegeben, da dieser die Stetigkeit der Funktion $\Omega(x, z)$ auch noch auf der Geraden $x = 0$ voraussetzt. Und zwar erhält man diesen Satz, wenn man

$$S(u_1, \ldots, u_n) = \sqrt{u_1^2 + \ldots + u_n^2}$$

wählt. Daß diese Funktion S die geforderten Eigenschaften hat, ist klar, wenn man zunächst von der Ungleichung (17) absieht. Daß auch noch diese Ungleichung erfüllt ist, ergibt sich für $S(u_1(x), \ldots, u_n(x)) \neq 0$ aus der Schwarzschen Ungleichheit. Es ist nämlich

$$\begin{aligned} \frac{d}{dx} S(u_1(x), \ldots, u_n(x)) &= \frac{u_1 u_1' + \ldots + u_n u_n'}{\sqrt{u_1^2 + \ldots + u_n^2}} \\ &\leqq \frac{\sqrt{u_1^2 + \ldots + u_n^2}\,\sqrt{u_1'^2 + \ldots + u_n'^2}}{\sqrt{u_1^2 + \ldots + u_n^2}} = S(u_1', \ldots, u_n'). \end{aligned}$$

Ist $S(u_1(x), \ldots, u_n(x)) = 0$ an einer Stelle x, so ergibt sich (17) unmittelbar, und zwar mit dem Gleichheitszeichen.

---

[1]) A. a. O., S. 27.

Nicht enthalten ist in unserm Eindeutigkeitskriterium das von Herrn M. Müller a. a. O. auf S. 16 (Satz 8) angegebene Eindeutigkeitskriterium, das zwei früher von den Herren Carathéodory und Tonelli bewiesene Kriterien als Sonderfälle enthält, und zwar deswegen nicht, weil von der Funktion, die unserer Funktion Ω in Satz 3 entspricht, nur die Integrierbarkeit vorausgesetzt wird.

Sitzungsberichte

der

Heidelberger Akademie der Wissenschaften

Mathematisch-naturwissenschaftliche Klasse

Jahrgang 1930

Berlin und Leipzig 1930

Walter de Gruyter & Co.

vormals G. J. Göschen'sche Verlagshandlung / J. Guttentag, Verlagsbuchhandlung / Georg Reimer / Karl J. Trübner / Veit & Comp.

Inhalt

Jahrgang 1930

1. GOTTFRIED, C. Über kontaktmetamorphe Gesteine des Baitonegebietes in der Adamellogruppe (Italien).
2. RÜGER, L. Über einen Granulit mit „Sekundärschieferung“ von Auerswalde i. S.
3. Beiträge zur Algebra Nr. 15—17: a) KAPFERER, HEINR. Über Schnittpunktsysteme mit vorgeschriebenen Multiplizitätszahlen. b) KAPFERER, HEINR. Eine idealtheoretische Lösung des Cramerschen Paradoxons, die jeden singularen Fall umfaßt. c) SCHOLZ, ARNOLD. Über das Verhältnis von Idealklassen und Einheitengruppen in Abelschen Körpern von Primzahlpotenzgrad.
4. KINZL, HANS. Flußgeschichtliche und geomorphologische Untersuchungen über die Feldaistsenke im oberösterreichischen Mühlviertel und die angrenzenden Teile Südböhmens.
5. BALDUS, RICHARD. Zur Axiomatik der Geometrie III. Über das Archimedische und das Cantorsche Axiom.
6. SALOMON-CALVI, WILHELM. Epeirophorese. Teil I.
7. WELLSTEIN, JULIUS. Zur Klassifikation der regulären Scharen quadratischer Formen.
8. BETTMANN, SIEGFRIED. Über Modellierungen des Gefäßendabschnittes.
9. ROESER, ERNST. Sphärische und hyperbolische Vielecke.
10. KAUFMANN, BORIS. Über die Ränderzuordnung bei topologischen Abbildungen in der Ebene und im Raume.
11. SCHEFFEN, WALTHER. Pseudopemphix Fritschii Wüst, Lithogaster tiefenbachensis Assm. und Pemphix Sueurii Desm.
12. VOELCKER, ILSE. Felis issiodorensis Croizet von Mauer a. d. E.
13. SALOMON-CALVI, WILHELM. Epeirophorese. Teil II. Geodätische Beweise.
14. FREUDENBERG, KARL. Kritik an der Berechnung des optischen Drehungsvermögens von Zuckern.
15. JÄNECKE, ERNST. Über das reguläre vierdimensionale Fünfzell.
16. BOEHM, KARL. Über lineare Differentialgleichungen mit konstanten Koeffizienten und einer Störungsfunktion.
17. KAMKE, E. Über die eindeutige Bestimmtheit der Integrale von Differentialgleichungen II.

12. RÜGER, L. Die direkte gebirgsgetreue Übertragung der auf dem Universaldrehtisch gewonnenen Messungsergebnisse gebirgsorientierter Schliffe in das Diagramm. Reichsmark 1.20
13. JOST, L. Elektrische Potentialdifferenzen an der Einzelzelle. Reichsmark 1.90

Jahrgang 1928. 1. RÜGER, L. Einige Bemerkungen zur Darstellung tektonischer Elemente, insbesondere von Klüften und Harnischen. Reichsm. 1.20
2. HERBST, CURT. Untersuchungen zur Bestimmung des Geschlechts. Ein neuer Weg zur Lösung des Geschlechtsbestimmungsproblems bei Bonellia viridis. Reichsmark 1.50
3. MERTON, HUGO. Untersuchungen über die Entstehung amöbenähnlicher Zeilen aus absterbenden Infusorien. Reichsmark 2.20
4. BAER, REINHOLD. Zur Einordnung der Theorie der Mischgruppen in die Gruppentheorie. Reichsmark 2.20
5. BAER, REINHOLD. Über die Zerlegungen einer Mischgruppe nach einer Untermischgruppe. Reichsmark 1.50
6. ROESER, ERNST. Komplementäre Körper der beiden nichteuklidischen Geometrien. Reichsmark 1.—
7. KRULL, WOLFGANG. Primidealketten in allgemeinen Ringbereichen. Rm. 1.10
8. SALOMON, WILHELM. Geol. Beobachtungen des Leonardo da Vinci. Rm. 0.90
9. LIEBMANN, HEINRICH. Die Sätze von Lie und Gambier über Kurven eines Linienkomplexes. Reichsmark 0.90
10. MERZ, K. W. Über den Wirkungsantagonismus von Blutkörperchen und Serum bei chemisch faßbaren biologischen Vorgängen. Reichsmark 1.20
11. MÜHLBACH, R. Über Raumkurven in der Möbiusschen Geometrie. Rm. 1.20
12. ERNST, PAUL. Wurzeln der Medizin. Reichsmark 1.50
13. MAYER, ADOLF. Naturwissenschaftliche Apologetik des Christentums. Rm. 1.60
14. BAER, REINHOLD. Beiträge zur Galoisschen Theorie. Reichsmark 1.80
15. SALOMON, WILHELM. Neue geologische Beobachtungen im Baitonegebiet des Adamello. Reichsmark 0.90
16. ERDMANNSDÖRFFER, O. H. Über Disthen-Andalusitparagenesen. Reichsm. 1.20
17. SCHNEIDT, MAX. Kurvennetze ohne Umwege. Reichsmark 1.30
18. BOPP, K. J. H. Lamberts und A. G. Kaestners Briefe, aus den Gothaer Manuskripten herausgegeben. Reichsmark 2.20
19. FREUDENBERG, K. Zur Kenntnis des Fichtenholz-Lignins. Reichsmark 1.10

Jahrgang 1929. 1. VOLK, OTTO. Über Flächen mit geodätischen Dreiecksnetzen. Reichsmark 2.50.
2. SCHMIDT, F. K., KRULL, W., BREUER, S. Beiträge zur Algebra. Nr. 11—13. Reichsmark 1.80
3. HIEBER, W. Zur Kenntnis der chemischen Reaktionen des Eisencarbonyls. Reichsmark 0.90
4. SALOMON, WILHELM. Gletscherbeobachtungen am Vadret Lischanna (Unterengadin). Reichsmark 1.—
5. SALOMON, WILHELM. Arktische Bodenformen in den Alpen. Reichsmark 2.50
6. MÜLLER, MAX. Über die Greensche Funktion des Laplaceschen Differentialausdruckes. Reichsmark 1.50
7. RÜGER, L. Machairodus latidens Owen aus den altdiluvialen Sanden von Mauer a. d. Elsenz. Reichsmark 0.90
8. LENARD, P. Über Energie und Gravitation. Reichsmark 1.90
9. DEECKE, W. Zur Entstehung der Kare. Reichsmark 0.80
10. ROESER, E. Neue Sätze über sphärische und hyperbolische Fünfecke. Rm. 1.—
11. BALDUS, R. Über Eulers Dreieckssatz in der absoluten Geometrie. Rm. 1.—
12. TRAUTZ, M. Die Reibung, Wärmeleitung und Diffusion in Gasmischungen. II. Reichsmark 2.80
13. SANDER, B., u. FELKEL, E. Zur tektonischen Analyse von Schmelztektoniten. Reichsmark 2.50
14. SCHOLZ, ARNOLD. Beiträge zur Algebra. Nr. 14. Reichsmark 1.20
15. BAER, REINHOLD. Beziehungen zwischen den Grundbegriffen der Topologie. Reichsmark 1.60
16. HERBST, CURT. Untersuchungen zur Bestimmung des Geschlechts. Weitere Experimente über die Vermännlichung indifferenter Bonellia-Larven durch künstliche Mittel. Reichsmark 3.—

17. ERDMANNSDÖRFFER, O. H. Über Alkalihornblenden aus dem Radautal. Rm. 0.80
18. GRUBER, FRIEDRICH. Neuer Beweis des Transversalensatzes in der absoluten Geometrie. Reichsmark 0.80
19. ROSENTHAL, A. Über die Existenz der Lösungen von Systemen gewöhnlicher Differentialgleichungen. Reichsmark 1.20

Jahrgang 1930. 1. GOTTFRIED, C. Über kontaktmetamorphe Gesteine des Baitonegebietes in der Adamellogruppe (Italien). Reichsmark 1.—
2. RÜGER, L. Über einen Granulit mit „Sekundärschieferung" von Auerswalde i. S. Reichsmark 1.50
3. Beiträge zur Algebra Nr. 15—17: a) KAPFERER, HEINR. Über Schnittpunktsysteme mit vorgeschriebenen Multiplizitätszahlen. b) KAPFERER, HEINR. Eine idealtheoretische Lösung des Cramerschen Paradoxons, die jeden singularen Fall umfaßt. c) SCHOLZ, ARNOLD. Über das Verhältnis von Idealklassen und Einheitengruppen in Abelschen Körpern von Primzahlpotenzgrad. Reichsmark 3.20
4. KINZL, HANS. Flußgeschichtliche und geomorphologische Untersuchungen über die Feldaistsenke im oberösterreichischen Mühlviertel und die angrenzenden Teile Südböhmens. Reichsmark 3.20
5. BALDUS, RICHARD. Zur Axiomatik der Geometrie III. Über das Archimedische und das Cantorsche Axiom. Reichsmark 0.80
6. SALOMON-CALVI, WILHELM. Epeirophorese. Teil I. Reichsmark 1.40
7. WELLSTEIN, JULIUS. Zur Klassifikation der regulären Scharen quadratischer Formen. Reichsmark 1.—
8. BETTMANN. Über Modellierungen des Gefäßendabschnittes. Reichsmark 2.—
9. ROESER, ERNST. Sphärische und hyperbolische Vielecke. Reichsmark 1.65
10. KAUFMANN, BORIS. Über die Ränderzuordnung bei topologischen Abbildungen in der Ebene und im Raume. Reichsmark 1.65
11. SCHEFFEN, WALTHER. Pseudopemphix Fritschii Wüst, Lithogaster tiefenbachensis Assm. und Pemphix Sueurii Desm. Reichsmark 3.20
12. VOELCKER, ILSE. Felis issiodorensis Croizet von Mauer a. d. E. Rm. 1.40
13. SALOMON-CALVI, WILHELM. Epeirophorese. Teil II. Geodätische Beweise. Reichsmark 1.—
14. FREUDENBERG, KARL. Kritik an der Berechnung des optischen Drehungsvermögens von Zuckern. Reichsmark 1.—
15. JÄNECKE, ERNST. Über das reguläre vierdimensionale Fünfzell. Rm. 3.—
16. BOEHM, KARL. Über lineare Differentialgleichungen mit konstanten Koeffizienten und einer Störungsfunktion. Reichsmark 1.80
17. KAMKE, E. Über die eindeutige Bestimmtheit der Integrale von Differentialgleichungen. II. Reichsmark 1.80

Druck von R. Wagner Sohn in Weimar

Zeitfracht Medien GmbH
Ferdinand-Jühlke-Straße 7
99095 Erfurt, Deutschland
produktsicherheit@kolibri360.de